Die in-vitro Fleischproduktion im Kontext der Nachhaltigkeit. Aktuelle Chancen und Grenzen

Annika Stomberg

Bibliografische Information der Deutschen Nationalbibliothek:

Die Deutsche Nationalbibliothek verzeichnet diese Publikation in der Deutschen Nationalbibliografie; detaillierte bibliografische Daten sind im Internet über http://dnb.d-nb.de abrufbar.

ISBN: 9783346323873
Dieses Buch ist auch als E-Book erhältlich.

Aktuelle Chancen und Grenzen der in-vitro Fleischproduktion im Kontext der Nachhaltigkeit

Hausarbeit im Rahmen des Wahlpflichtmoduls Biomassewirtschaft des Studiengangs Internationale Technische und Angewandte Biologie der Hochschule Bremen

„Fifty years hence we shall escape the absurdity of growing a whole chicken in order to eat the breast or wing by growing these parts separetly under a suitable medium"

Winston Churchill, 1932 [URL1]

Verfasser   Annika Stomberg

Inhaltsverzeichnis

1 Einleitung	1
2 Entwicklungsgeschichte und Akteure	2
3 Chancen und Grenzen	2
4 Der Herstellungsprozess	5
4.1 Grundlegendes Herstellungsverfahren	5
4.2 Optimierbare Einflussgrößen der Produktion	6
4.2.1 Die Zellquelle	6
4.2.2 Das Kulturmedium	7
4.2.3 Das Gerüst	7
4.2.4 Der Bioreaktor	8
5 Ökobilanzierungen	9
5.1 In-vitro Fleisch vs. konventionelle Viehzucht	9
5.2 In-vitro Fleisch vs. alternative Proteinquellen	11
6 Fazit	13
7 Literaturverzeichnis	14
8 Internetquellen	17

1 Einleitung

Die Welternährung der Zukunft steht vor großen Herausforderungen. Laut aktuellen Berechnungen der Vereinten Nationen wird die Weltbevölkerung bis 2100 auf ca. 12 Mrd. Menschen beinahe verdoppeln [URL2]. Laut der Bundeszentrale für politische Bildung litten bereits im Jahr 2017 810 Mio. Menschen an Unterernährung und 2 Mrd. Menschen an einer Mangelernährung [URL3]. Damit ist jeder zehnte Mensch auf der Welt unterernährt. Die Ursachen hierfür sind vielfältig. Eines der Probleme basiert auf der Begrenzung geeigneter Landflächen für die Nahrungsmittelerzeugung. Dies führt zu einem Konkurrenzkampf um die Nutzung der Landflächen. Die wachsende Nachfrage nach erneuerbaren Energiequellen hat durch den Anbau von Energiepflanzen dafür gesorgt, dass die Preise für Nahrungsmittel wie Getreide rasant gestiegen sind. Der Konkurrenzdruck auf die Landflächen wurde in den letzten Jahren aber vor allem durch den steigenden Konsum tierischer Proteine, insbesondere von Fleisch verschärft. Die wachsende Nachfrage basiert zu einem großen Teil auf dem steigenden Fleischkonsum von Entwicklungs- und

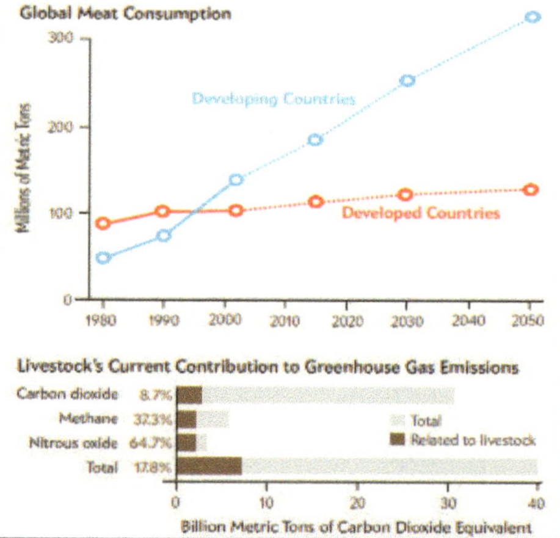

Abb.1: weltweiter Fleischkonsum von 1990-2020 nach Entwicklungsstand der Länder & Anteil der weltweiten THG-Emissionen der Fleischproduktion (BARTHOLET 2011)

Schwellenländern **(Abb.1)**, welcher laut einer Prognose bis 2050 um weitere 30 % ansteigen wird. Laut FAO (2006) nimmt Weideland für die Viehzucht mehr als doppelt so viel Fläche ein, wie die Herstellung von Getreide. Von den Flächen des Getreideanbaus werden wiederrum ein Drittel als Futtermittel für die Viehzucht angebaut. Neben der Problematik bezüglich der Flächennutzung durch die konventionelle Viehzucht wächst angesichts der globalen Erderwärmung das Bewusstsein über die negativen Umweltauswirkungen, die mit der Fleischproduktion in Verbindung stehen. Laut dem Bundesamt für Ernährung und Gesundheit beruhen 15 % der weltweiten Treibhausgasemissionen auf der Produktion von Fleisch (BÖHM et al. 2015). Darüber hinaus werden durch die Weidehaltung große Mengen Wasser verbraucht, Flüsse und Landflächen verschmutzt und eutrophiert. Für die zukünftige Welternährung müssen angesichts des rasanten Bevölkerungswachstums und der steigenden Nachfrage nach tierischen Proteinen dringend Lösungen gefunden werden. Eine vielversprechende Zukunftstechnologie aus dem Bereich der zellulären Agrarwissenschaften bietet das Potential die wachsende Fleischnachfrage unter minimaler Landnutzung zu decken und die negativen Umweltauswirkungen der traditionellen Viehzucht hinter sich zu lassen. Hierzu werden molekularbiologische Methoden verwendet, um aus Stammzellen innerhalb eines Kulturmediums Muskelfasern zu züchten. Bereits im Jahr 2013 wurde der erste Burger von Mark Post aus diesem in-vitro Fleisch hergestellt und medienwirksam präsentiert. Die Herstellung kostete rund 300.000 $ und nahm mehrere Monate in Anspruch (POST 2014). Seitdem wird weltweit von verschiedensten Unternehmen und Forschungsgruppen an einem standardisierten Herstellungsverfahren gearbeitet. Von einer Produktion im großen Maßstab und unter angemessenen Preisen ist der Prozess allerdings noch weit entfernt. Die folgende Arbeit gibt einen Überblick über die Akteure, die Chancen und Grenzen des in-vitro Fleisches im Kontext der Nachhaltigkeit, das Herstellungsverfahren, den aktuellen Stand seiner Optimierung und die Ökobilanzierung des Fleischersatzproduktes.

2 Entwicklungsgeschichte und Akteure auf dem Markt

In den frühen 2000er legte ein von der NASA gegründetes Projekt den Grundstein für die Herstellung und Entwicklung von in-vitro Fleisch. Das Projektteam schaffte es, geringe Mengen Muskelfleisch eines Goldfisches zu kultivieren (BENJAMINSON et al. 2002). Im Jahr 2005 wurde ein großes Projekt der niederländischen Regierung ins Leben gerufen, durch welches diverse Forschungen zum Thema in-vitro Fleisch finanziert wurden. Im Rahmen dieser Forschungsarbeiten wurden die ersten adulten und embryonalen Stammzellen vom Schwein kultiviert (WILSCHUT et al. 2008, du PUY 2010). Darüber hinaus wurde an der Entwicklung eines Mediums auf der Basis von Algen geforscht (TUOMISTO & de MATTOS 2011). Eine weitere Arbeitsgruppe beschäftigte sich mit der Nutzung elektrischer und chemischer Stimulationen, um das Wachstum von kultivierten Muskelzellen von Mäusen anzuregen (LANGELAAN et al. 2011). Die meisten Fortschritte in der Herstellung von in-vitro Fleisch finden allerdings im Rahmen diverser Firmen und Start-ups, die ihre Produkte bis zur Fertigstellung und ihre Produktionsverfahren häufig geheim halten, um konkurrenzfähig zu bleiben. Daher ist es schwierig, den tatsächlichen Fortschritt zu beurteilen. Das bisher wohl bekannteste Produkt ist der erste, im Jahr 2013 von Mark Posts präsentierte, in-vitro Fleisch Burger. Er wurde in Zusammenarbeit mit der Universität Maastricht und dem Subunternehmen „Mosa Meat" aus kultivierten, primären Rinderstammzellen des Skelettmuskels hergestellt. Eine weitere Firma aus den US mit dem Namen „Memphis Meat" stellte ein Fleischbällchen, eine Rindfleisch Fajita, Hühnchen und Ente aus kultiviertem Fleisch her. 2017 hat die Firma „Just" angekündigt, Chicken Nuggets aus in-vitro Fleisch auf den Markt zu bringen (JUST 2017). In Israel arbeitete die Firma „Super Meats" über Jahre eng mit der Hebräischen Universität zusammen. Darüber hinaus agieren am in-vitro Fleischmarkt drei weitere Unternehmen mit dem Namen „SuperMeat", „Future Meat Techolgies" und „Meat the Future". Bisher wurde aber von keiner der Firmen ein Prototyp präsentiert. Darüber hinaus sind zwei weitere Firmen aus den USA auf dem Markt aktiv. „Modern Meadow" präsentierten eine Art Steak-Chips, fokussieren ihre Forschung allerdings mittlerweile auf die Produktion von kultiviertem Leder (MODERN MEADOW et al. 2015). „Finless-Foods" forscht an der Herstellung von kultiviertem Fisch, befinden sich aber nach eigenen Aussagen noch in einem frühen Entwicklungsstadium. Neben diesen genannten Firmen gibt es noch eine große Anzahl weitere, die den Markt betreten und zum Teil auch schon wieder verlassen haben. Des weiteren Forschen einige Labore an Universitäten an in-vitro Fleisch. Die Bath Universität, die Universität von Otawa, die Tufts Universität und die Universität in North Carolina bilden eines der Forschungskollektiven (STEPHENS et al. 2018).

3 Chancen und Grenzen des in-vitro Fleisches

Dieser Abschnitt behandelt die diskutierten Chancen und Grenzen des in-vitro Fleisches als Fleischersatzprodukt. Das größte Potential wird in der Reduzierung der negativen Umweltauswirkungen unserer bisherigen Ernährung auf der Basis tierischer Produkte erwartet. Durch die Minimierung des Bedarfs an tierischen Ausgangsmaterial, welches zum Teil jahrelang auf Weiden gehalten werden muss, würde der damit verbundenen Wasserbrauch, das Euthrophierungspotential, die Treibhausgasemissionen und die Landnutzung drastisch reduziert werden. Durch die Möglichkeit der vertikalen Landnutzung durch das Aufeinanderstapeln der Bioreaktoren würde die Landnutzung auf bis zu 1 % sinken. Die eingesparten Landflächen könnten alternativ genutzt werde um Energiepflanzen oder Nahrungsmittelpflanzen zu produzieren (Reduzierung der Tank-Teller Konkurrenz) oder Aufforstungsprojekte durchzuführen (BHAT et al. 2011 a,b,c, BARTHOLT 2011, MADRIGAL 2008, TUOMISTO & DE MATTOS 2011). Ein weiterer Vorteil des in-vitro Fleisches besteht in der effizienteren Nährstoffumsetzung, Da lediglich die essbaren Teile eines Tieres erzeugt werden entfällt der Energiebedarf für den Aufbau von Hirnmassse, Knochen, Knorpel, Zähne, Organe, Haut, Lokomotion und Fortpflanzung (BHAT et al. 2015). Daraus resultiert darüber hinaus eine geringere Menge Abfallprodukte. Abfallprodukte in Form von Nährstofflösungen und Wärme könnten im Sinne einer Kreislaufwirtschaft aufbereitet werden (MADRIGAL 2008). Darüber hinaus werden Vorteile in Zusammenhang mit gesundheitlichen Faktoren diskutiert. Zum einen wäre durch den verminderten Kontakt zu anderen Tieren die Risiken der Verbreitung von Zoonosen (z.B. BSE, Schlafkrankheit) geringer. Darüber hinaus ist das Produkt einer geringeren Exposition von Umweltgiften wie Pestizide, Hormone, Dioxin oder Arsen ausgesetzt (BHAT et al. 2015). Ein weiterer Aspekt ist das Potential ernährungsbedingte Krankheiten zu mindern, die mit dem Verzehr von rotem Fleisch in Verbindung gebracht werden (MICHA et al. 2012). Es wäre denkbar, den Nährstoffgehalt zu verändern, in dem Vitamine dem Medium beigemischt werden oder den Gehalt an gesättigten Fettsäuren zu verringern in dem es durch Omega-3 Fettsäuren ersetzt wird (VAN EELEN et al. 1999). Des Weiteren würde die in-vitro Fleischproduktion zu verringertem Tierleiden führen, da theoretisch ein Tier als Stammzellspender ausreichen würde, um die globale Fleischnachfrage abzudecken (BHAT & BHAT 2011a, b). Dadurch würde ein maximaler Nutzen pro Tier erreicht werden und es müssten keine Tiere mehr getötet oder gemästet werden. Außerdem würden die Tiere weniger unter Krankheiten leiden, die sich auf Grund der engen Massentierhaltung ausbreiten (BHAT et al. 2015). Dadurch, dass die Produktion unabhängiger von Umwelteinflüssen, dem Klima und der Qualität des Bodens ist, würde in-vitro Fleisch laut FAO (2013) mehr Menschen einen Zugang zu tierischen Proteinen ermöglichen. Außerdem wäre dadurch eine lokale Produktion beim Konsumenten möglich, wodurch lange Transportwege Kühlketten vermieden werden (KAPLAN 2012). Außerdem würden kontrollier- und beeinflussbare Produktionsbedingungen eine konstante Qualität gewährleisten, die unabhängig von Krankheiten, Stress oder ungleichem Wachstum der Tiere ist (KAPLAN 2012). Ein weiterer Vorteil sind die verkürzte Produktionszeiten. Das Wachstum eines Huhns nimmt Monate, das eines Schweines oder einer Kuh sogar Jahre in Anspruch, während die n-vitro Fleischproduktion nur wenige Wochen dauern würde. Dadurch würde Energie und Arbeitskraft gespart werden (BHAT et al. 2015). Für einige Institutionen ist vor allem die Produktionsmöglichkeit in lebensfeindlichen Umgebungen interessant. So könnte auf Weltraummissionen oder an Forschungsstationen im Polarkreis die Herstellung von Proteinen ermöglicht werden (SAHA & TRUMBO 1996, BENJAMINSON et al. 1998, DRYSDALE et al. 2003). Auch das Kultvieren von Stammzellen seltener Tierarten wäre möglich, sodass der Jagddruck auf bedrohte Arten vermindert werden kann, was einen positiven Effekt auf die Erhaltung der Artenvielfalt hätte (STEPHENS et al. 2018). Eine weitere Möglichkeit in diesem Zusammenhang wäre es, dass die Züchter von Nutztieren sich weg von den Hochleistungstieren hin zu traditionellen, alten Nutztierarten spezialisieren. Diese Arten bieten den Vorteil, dass sie mit einem geringeren Energieinput und auf extensiv bewirtschafteten Feldern wachsen können (BHAT et al. 2015). Die Kritikpunkte lassen sich grob in die Bereiche Marktauglichkeit soziale und ethische Bedenken unterteilen. Der häufigste Kritikpunkt sind die bisher hohen Produktionskosten und kleinen Produktionsmengen. Die Herstellung des ersten Burgern hat über 300.000 $ (BÖHM et al 2007) gekostet und Monate in Anspruch genommen. Unter den momentanen Herstellungsbedingungen würde die Produktion von 1 kg Biomasse bis zu 50.000 $ kosten und die Herstellung einer Wurst müsste in 3000 seperaten Petrischalen stattfinden (BARTHOLET 2011). Laut STEPHENS et al. (2017) ist das für die Entwicklungsphase von Produkten allerdings üblich. Außerdem argumentieren die Autoren, dass in-vitro Fleisch wie seine verwandten Produkte aus der Agrarwirtschaft staatlich subventioniert werden müsste, um konkurrenzfähig zu werden. Ein weiterer Punkt, der die Chancen des in-vitro Fleisches als Ersatzprodukt stark begrenzt ist, dass bisher kein hochstrukturiertes (Steak etc.) Fleisch produzierbar ist. Das bisher struktur- und farblose Fleisch ist lediglich für die Produktion von Hackfleisch geeignet, wodurch nur ein kleiner Teil des Marktes abgedeckt werden kann. Die Verbesserung der sensorischen Eigenschaften stellt einen großen Optimierungsbedarf dar (BHAT et al. 2011b). Darüber hinaus wird der hohe Energiebedarf kritisiert. Allerdings ist hier durch das frühe Stadium der Produktentwicklung noch ein enormes Optimierungspotential vorhanden und die alternative Landnutzungsmöglichkeit bietet Möglichkeiten für den Anbau von Energiepflanzen. Des Weiteren ist es problematisch, dass die sehr positiven Ökobilanzen auf theoretischen Produktionsprozessen basieren und viele Faktoren nicht berücksichtigt wurden (HOPKINS & DACEY 2008, MATTICK et al. 2015). Aus sozialer und ethischer Sicht wird in Frage gestellt, ob der Verzehr von in-vitro Fleisch zu einer weiteren Entfremdung von der Natur führen und einer stärkeren Abhängigkeit unserer Ernährung von der Technik führen würde (WELIN 2013). Des Weiteren wird aus ethischer Sicht diskutiert, dass in-vitro Fleisch den Anreiz verringert, sich fleischlos zu ernähren. Eine vegane Ernährung würde eine viel bessere Alternative im Zusammenhang mit den kritisierten Umweltbedingungen und den Problemen der Welternährung darstellen und die Stammzellnutzung wäre immer noch ethisch bedenklich (HAWTHRONE 2005, HOPKINS & DACEY 2008). Des Weiteren wurde bedenklich geäußert, dass es unklar ist, welche wirtschaftlichen Folgen daraus resultieren würden (BHAT et al. 2015). Vermutlich würde sich die Fleischproduktion in technisch weiter entwickelten Ländern verschieben was sich nachteilig für die bisherigen Produktionsländer auswirken würde, die in der Regel wirtschaftlich stark abhängig vom Fleischexport sind. Da eine breite Palette an Qualifikationsebenen für die Herstellung nötig wäre, würde sich die Produktion außerdem mit großer Wahrscheinlichkeit von den ländlichen Regionen in urbanere Gebiete verschieben. Was ebenfalls zu einer wirtschaftlichen Umstrukturierung führen würde. Darüber hinaus wird daran gezweifelt, ob das Produkt von den Konsumenten angenommen werden würde, oder ob die Unnatürlichkeit ein ähnliches psychologisches Hindernis darstellt wie bei der Bewertung von Plastikblumen oder künstlichen Diamanten (HOPKINS & DACEY 2008).

4 Der Herstellungsprozess

Der folgende Abschnitt beschäftigt sich mit dem Herstellungsprozess von in-vitro Fleisch. Als erstes werden die groben Herstellungsschritte dargestellt. Im Anschluss werden die aktuelle Forschungsansätze anhand der verschiedenen Produktionsfaktoren vorgestellt. Es ist anzumerken, dass bisher nur grobe Vorstellungen für eine industrielle Produktion vorhanden sind. Alle nachfolgend erläuterten Prozesse und Methoden wurden bisher nur im Labormaßstab durchgeführt und es ist noch ein enormes Optimierungspotential vorhanden. Die verschiedenen Einflussgrößen der Produktion beeinflussen sich gegenseitig und müssen aufeinander abgestimmt werden.

4.1 Das grundlegende Herstellungsverfahren

Die folgende Erläuterung bezieht sich auf die **Abb.2** und basieren auf den Veröffentlichungen von BÖHM et al. (2007) und BARTHOLET (2011). Im ersten Schritt des Herstellungsverfahrens werden einem Spenderorganismus Stammzellen entnommen. Hierfür werden entweder embryonale Stammzellen aus einem Embryo **[1A]** oder adulte Stammzellen mittels einer Muskelbiopsie gewonnen **[1B]**. Anschließend werden die Zellen in einem Wachstumsmedium innerhalb eines Bioreaktor kultiviert und so zur Vermehrung angeregt **[2]**. Diesen Prozess der Vermehrung durch Zellteilung nennt man Proliferation. Im nächsten Schritt werden die Zellen auf einem Gerüst, ebenfalls innerhalb eines Bioreaktors, in einem geeigneten Kulturmedium zur Differenzierung zu Muskelfasern angeregt **[3]**. Diesen Prozess nennt man Myogenese **(Abb.3)**. Während dieser Myogenese entwickeln sich die Stammzellen zunächst zu mononuklearen Myoblasten, den Grundbausteinen eines Muskels. Diese wachsen anschließend zu multinuklearen Mytuben und bilden dann Myofibrillen, die sogenannten Muskelfasern. Ca. 20.000 dieser Fasern wurden benötigt, um den ersten In-vitro-Burger aus Rinderstammzellen zu formen (POST 2014). Die gewonnenen Muskelfaserzellen werden vom Gerüst abgetrennt, aufgereinigt **[4]** und anschließend zu einem Fleischprodukt verarbeitet **[5]**.

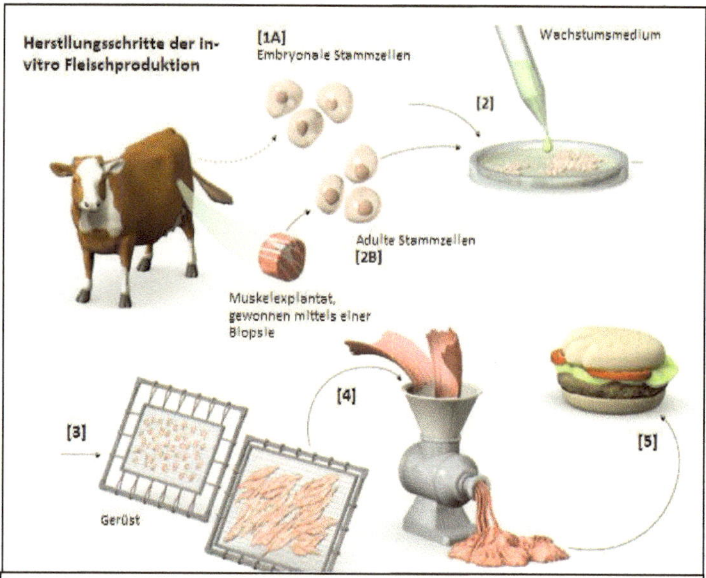

Abb. 2: Herstellungsschritte der in-vitro Fleischproduktion. [1A] embryonale Stammzellen [1B] adulte Stammzellen gewonnen aus einer Muskelbiopsie [2] Proliferation in einem Wachstumsmedium [3] Differenzierung auf einem Gerüst [4] Aufreinigung [5] Verarbeitung. Bildquelle: BARTHOLET (2011),

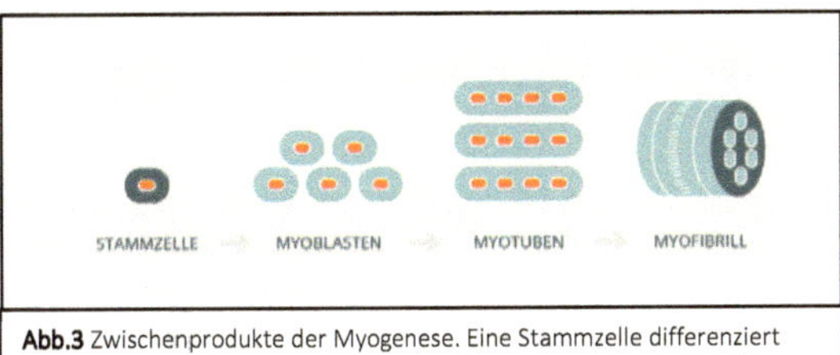

Abb.3 Zwischenprodukte der Myogenese. Eine Stammzelle differenziert sich zu Myoblasten, diese wachsen zu Myotuben zusammen, die sich zu einer Myofibrille (Muskelfaser) entwickeln (BÖHM et al. 2017).

4.2 Optimierbare Einflussgrößen der Produktion

4.2.1 Die Zellquelle

Zunächst stellst sich die Frage, ob primäre Stammzellen verwendet werden oder Zelllinien zum Einsatz kommen. Zelllinien zeichnen sich dadurch aus, dass sie ein unendliches Teilungsvermögen besitzen (STEPHENS et al. 2018). Das kann entweder durch das Verfahren der Induktion (EVA et al. 2014) oder durch das Selektieren von Stammzellen mit einer geeigneten Mutation erreicht werden [URL3]. Der Einsatz von Zelllinien würde durch ihre Unsterblichkeit den Bedarf an frischem Gewebe reduzieren, allerdings sind diese nicht immer repräsentativ für die Primärzellen und zeigen beispielsweise andere Wachstumsraten. Darüber hinaus stellen die Subkultivierung, das Passagieren, die Fehlidentifizierung und die kontinuierliche Evolution der Zellen nur einige der Probleme in Verbindung mit der Kultivierung von Zelllinien dar (NATIONAL INSTITUTES OF HEALTH 2007). Primäre Stammzellen können direkt aus dem Gewebe gewonnen werden. Allerdings ist die Isolierung des gewünschten Zelltyps aus dem Gewebe bezüglich der Homogenität und der Anzahl isolierter Zellen oft schwierig und kann technisch sehr anspruchsvoll und kostenintensiv sein. Darüber hinaus weisen Zellen aus der gleichen Probe oft eine Variabilität aus, die ein verändertes Wachstumsverhalten oder eine veränderte Reaktion auf die Zusammensetzung des Mediums verursacht (STEPHENS et al. 2018). Des Weiteren wird diskutiert, ob adulte oder embryonale Stammzellen verwendet werden (STEPHENS et al. 2018). Als adulte Stammzellen kommen einerseits Muskelstammzellen in Frage, die sich im Gewebe befinden und nach Bedarf für Regenerationsprozesse aktiviert werden (GREFTE et al. 2007). Ein großer Vorteil ist, dass sie sich definitiv zu Muskelzellen differenzieren. Allerdings proliferieren sie langsam, sodass eine große Menge an Zellmaterial benötigt werden würde. Ein weiterer Ansatz ist es, mesenchymale Stammzellen zu verwenden. Sie zeigen eine erhöhte Proliferierungs- und Differenzierungsrate (STERN-STRAETER 2014) im Gegensatz zu den Muskelstammzellen. Außerdem können sie in einem Medium ohne Serum wachsen, was die Kosten für das Nährmedium erheblich reduziere würde (CHASE et al. 2010, JUNG et al. 201, OIKONOMOPOULUS et al. 2015). Allerdings befindet sich diese Technologie noch in einem frühen Stadium und ist noch weit weg von einer Umsetzung (STEPHENS et al. 2018). Darüber hinaus wird daran geforscht, somatische Zellen in pluripotente Stammzellen umzuwandeln (GENOVESE et al. 2017, WU & HOCHEDLINGER 2011). Dieser Ansatz ist zwar vielversprechend, befindet sich allerdings ebenfalls noch in einem sehr frühen Stadium (STEPHENS et al. 2018). Die Alternative zur Verwendung adulter Stammzellen sind embryonale Stammzellen. Aus diesen würden Zelllinien hergestellt werden, die sich durch ein unendliches Teilungsvermögen auszeichnen. Durch diese Unsterblichkeit und eine äußerst hohe Proliferierungsrate würde der Bedarf an frischem Gewebe drastisch reduziert werden und kürzere Produktionszeiten ermöglicht werden (STEPHENS et al. 2018). Allerdings ist es bisher noch nicht möglich, die Differenzierung zu Muskelstammzellen in einer ausreichenden Menge zu beeinflussen (BARTHOLET 2011). Des Weiteren besteht immer noch eine große Unklarheit über die optimale Zellquelle in Bezug auf die Tierart, die Züchtung der Tiere und das Gewebe, aus der sie stammen soll (STEPHENS et al. 2018).

4.2.2 Das Kulturmedium

Das Kulturmedium besitzt einen erheblichen Einfluss auf die Kosten und die Ökobilanz von in-vitro Fleisch (MATTICKS et al. 2015). Es erfüllt zwei wesentliche Funktionen: Die Erhaltung der Zellvitalität durch die Versorgung mit Nährstoffen und Energie und das Bereitstellen von Wachstumsfaktoren für die Zellteilung und Differenzierung (STEPHENS et al. 2018). Bisher besteht das Kulturmedium vor allem aus Serum vom Rind, Pferd oder Huhn, da es alle Faktoren enthält, die für das Zellwachstum essenziell sind. Da die Gewinnung des Serums mit hohen Kosten verbunden ist und die Abhängigkeit von tierischen Produkten reduziert werden soll, ist es für die wirtschaftliche Produktion von in-vitro Fleisch von großer Bedeutung dieses zu ersetzen (ASWAD et al. 2016 & BRUNNER et al. 2010). Ein vielversprechender Ansatz ist die Verwendung eines Mediums auf Algenbasis, da diese alle Nährstoffe produzieren, die für das Aufrechterhalten der Vitalität benötigt werden. Allerdings ist diese Methode bisher noch zu kostenintensiv (BARTHOLET 2011). BENJAMINSON et al. (2002) hat erfolgreich als alternative Energie- und Vitaminquelle Maistake-Pilzextrakt und Fischmehl verwendet, um Goldfischexplantate in einer Kultur zu vermehren. Darüber hinaus gibt es erfolgreiche Forschungsansätze, die Hydrolysat aus Cyanobakterien als Nährmedium verwenden (TUOMISTO & MATTOS 2011). Andere Untersuchungen beschäftigen sich mit dem Einsatz von rein synthetischen Kulturmedien (FUJITA et al. 2010), welches unter den aktuellen Herstellungsbedingungen allerdings noch sehr teuer ist und nur geringe Erfolge bei der Kultivierung von Muskelstammzellen erzielte (STEPHENS et al. 2018). Weitere Forschungsansätze für bedienen sich gentechnologischen Verfahren. Dabei wurden Cyanobakterien und Pflanzenzellen mit rekombinanter DNA ausgestattet, die es ihnen ermöglicht tierische Proteine herzustellen (BARTHOLET 2011). Neben der Erforschung alternativer Energie- und Nährstoffquellen im Medium werden alternative Wachstumsfaktoren untersucht. POST (2012) setzte elektrische Signale ein, um das Wachstum der Zellen anzuregen, konnte allerdings bisher nur 10 % des Wachstums mit Serum erreichen. Er untersuchte ebenfalls das Vermitteln von Wachstumsimpulse mittels Acetylcholins. Allerdings werden hier enorm kleine Impulse benötigt, was bisher kein biologisches, sondern ein technisches Problem ist.

4.2.3 Das Gerüst

Die Bausteine eines Muskels sind anheftende, unbewegliche Zellen, die im Gewebe eingebettet sind. Um diese natürliche Umgebung der Myogenese nachzuahmen ist ein Gerüst mit Eigenschaften notwendig, die die Anheftung der Zellen und die nachgeschaltete Proliferation und Differenzierung ermöglicht (Stephens et al, 2018). Auch bei dem Einsatz des Gerüstes werden wie bei den bisher besprochenen Herstellungsfaktoren die unterschiedlichsten Ansätze verfolgt. Hierbei stellt sich zunächst die Frage, ob das Gerüst aus essbarem Material besteht, damit es im Produkt verbleiben kann oder ob es aus wiederverwertbarem Material bestehen soll. Letzteres würde die Menge an Abfallprodukten reduzieren und könnte die Kosten auf Grund der Wiederverwertbarkeit senken (BHAT et al. 2015). Allerdings müsste ein weiterer Herstellungsschritt zur Aufbereitung durchgeführt werden. Darüber hinaus stellt sich die Frage, ob künstliches oder tierisches Material verwendet wird. Die meisten Gerüste basieren bisher auf der Verwendung von Kollagen (Wolfson 2002). In diesen Modellen muss ein ständiger Austausch der Nährstofflösung stattfinden. Ein großes Problem, welches die Produktion großer Mengen bisher stark limitiert, ist die ausreichende Durchflutung der Zellkultur mit dem Nährstoffmedium. Da die Zellen nekrotisch werden, sobald sie längere Zeit mehr als 0,5 mm von der Nährstofflösung entfernt sind, konnten bisher nur wenige hundert Mikrometer dicke Zellschichten in Kulturschalen hergestellt werden (BARTHOLET 2011). Ein Versuch dieses Problem zu überwinden wurde von BHAT (2011 a,b) mit kugelförmigen Polymeren durchgeführt, die von der Nährstofflösung durchflutet wurden. Darüber hinaus wurden Versuche durchgeführt, in denen Kanäle im produzierten Muskelgewebe freigehalten wurden (STEPHENS et al. 2018). Außerdem konnten erste Erfolge mit perforierten Gerüstnetzwerken aus tierischem Material (Mohanty et al. 2015) und aus wiederverwertbarem Material (Muehleder et al. 2014) erzielt werden. Eine Vielversprechende Perspektive bietet der 3D Druck von Gerüsten mit Kanälen. Die Firma Modern Meadow meldete ein Patent (Modern Meadow & Marga 2015) auf ein solches Netzwerk für die Herstellung von in-vitro Leder an und eine Forschungsgruppe an der Harvard Universität schaffte es mit einem 3D gedruckten, durchfluteten Netzwerk eine Zellkultur für sechs Wochen aufrecht zu erhalten (Kolesky et al. 2016). Bisher wurden nennenswerte Erfolge allerdings lediglich mit Gerüsten aus tierischem Material erzielt (Stephens et al. 2018). Dies ist vor alle auf die Vergleichbarkeit mit der natürlichen Umgebung zurückzuführen (Bian & Bursak 2009). Ein Ansatz diese möglichst genau nachzuahmen, ist das Herstellen eines Hydrogels aus Kollagen, Thrombin, Fibrin und anderen tierischen Proteinen (Chen et al. 2015). Allerdings gibt es hier noch viele Probleme zu überwinden. Es fehlen natürliche Anheftungspunkte für die Stammzellen und auf Grund der Oberflächenspannung des Gels lagern sich die Muskelstammzellen vermehrt am Rand des Gels ab. Alternativ zu den Gerüstbasierten Methoden gibt es auch Ansätze die auf selbst-organisierende Techniken zurückgreifen. So haben Dennis & Kosnik (2000) explantiertes Muskelzellengewebe von Tieren benutzt, welches sich selbst strukturierte. Benjaminson et al. (2002) untersuchte, ob primäre Stammzellen an einem Muskelexplantat als Substrat anhaften und wachsen können. Der Versuch war zwar erfolgreich, doch beide Techniken scheiterten daran größere Mengen herzustellen, da die Nährstoffzirkulation nicht ausreichend stattfand (Bhat et al. 2015). Ein weiterer Ansatz ist es Zelllinien zu erschaffen, die nicht anhaftend sind. Das würde die Kosten und den Umweltfußabdruck der in-vitro Fleischproduktion drastisch reduzieren, ist aber noch weit entfernt von der Umsetzung (Chan & Leong 2008, Sakar et al. 2012, Vandenburgh et al. 1988)

4.2.4 Der Bioreaktor

Von der Produktion in einem Bioreaktor in einem großen Maßstab ist die Forschung noch weit entfernt. Wenn eine geeignete Kombination der Zellquelle mit einem bezahlbaren Nährmedium aus einer ökologisch verträglichen Quelle und einem bezahlbaren Gerüst, welches eine Nährstoffzirkulation gewährleisten kann, gefunden wurde, können andere bioindustrielle Produktionsprozesse als Vorlage dienen. Allerdings ist die Komplexität der in-vivo Umgebung der Muskelentwicklung weitaus höher als die der bisher hergestellten Produkte (Stephens et al. 2018). Die Expansion mesenchymaler Stemmzellen ist im Labormaßstab bereits gut erforscht. Schnitzler et al. (2016) berichtet von einer erfolgreichen Expansion in 5 Liter Bioreaktoren und hält die Expansion in bis zu 2000 Liter Bioreaktoren mit den aktuellen technischen Möglichkeiten für durchführbar. Laut Stephens et al. (2018) würde die Herstellung von 1 kg in-vitro Fleisch mit einer Ausgangsmenge von 8 x 10^{12} Zellen einen Rührtankbioreaktor von 5000 Liter Reaktionsvolumen benötigen. Eine weitere Frage ist, ob nach dem „scale-up" (wenige, große Reaktoren) oder dem „scale-out" (viele, kleine Reaktoren) Verfahren werden soll. Bisher wurden alle nennenswerten Fleischprodukte (Sharples et al. 2012, Smith et al. 2012, Post 2014) mit dem „scale-out" Verfahren hergestellt, was sehr kostenintensiv ist (Stephens et al. 2018). Das Entwickeln von Gerüst- und Bioreaktorbedingungen, die eine Differenzierung in größeren Bioreaktoren ermöglichen, ist die größte Herausforderung um in-vitro Fleisch bezahlbar zu machen (Bhat et al. 2015).

5 Die Ökobilanz von in-vitro Fleisch

Im folgenden Abschnitt werden die wichtigsten Ökobilanzen, die bisher für die Herstellung von in-vitro Fleisch aufgestellt wurden, vorgestellt. Hierbei wird zunächst auf Ökobilanzen im Vergleich zur konventionellen Viehzucht und anschließend im Vergleich zu anderen Fleischersatzprodukten eingegangen.

5.1 In-vitro Fleisch im Vergleich zur konventionellen Viehzucht

Die mit Abstand am häufigsten zitierte Ökobilanz ist von Tuomisto & Mattos (2011). Sie errechneten eine Reduzierung der Treibhausgasemissionen um 78-96 %, der Landnutzung um 99 %, des Wasserverbrauches um 82-96 % und des Energieverbrauches um 7-45 % im Vergleich zu Rind, Schaf, Schwein und Geflügel **(Abb.4)**. Lediglich die Geflügelproduktion würde weniger Energie verbrauchen. Die Berechnungen beziehen sich auf die Erzeugung von 1000 Kg Biomasse. Es wurde jeweils der höchste Auswirkungsgrad der Fleischkategorien für den Vergleich ausgewählt. Der höhere Energieverbrauch des in-vitro Fleisches im Gegensatz zu Geflügel könnte laut den Autoren allerdings durch die geringere Landnutzung

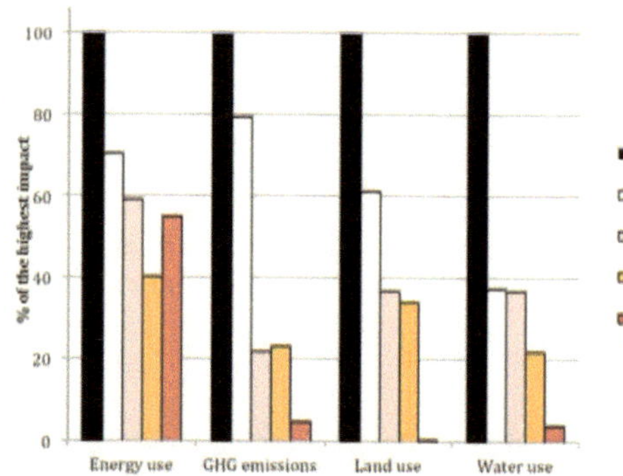

Abb.4: Umweltauswirkungen von Fleischerzeugnissen nach Schadenskategorie in Prozent in Bezug der größten Umweltauswirkung

kompensiert werden, in dem die „gewonnenen" Flächen für den Anbau von Energiepflanzen verwendet werden. Außerdem wären die THG-Emissionen und der Energieverbrauch des in-vitro Fleisches im Gegensatz zu den konventionellen Fleischprodukten stark abhängig von optimierbaren Einflussgrößen. Ein weiterer Faktor, der in den Augen der Autoren für eine positivere Bewertung des in-vitro Fleisches spricht ist, dass der Transport und das Eutrophierungspotential nicht berücksichtig wurden. Dadurch scheinen die Umweltauswirkungen überaus positiv und vielversprechend. Bei genauerem Analysieren der Ökobilanzbedingungen fällt allerdings auf, dass für die Produktion lediglich Cyanobakterien als Nährstoff- und Energiequelle definiert wurden. Es wurde keine Zellquelle, kein Gerüstmaterial und keine Bedingungen für die Bioreaktoren festgelegt. Matticks et al. (2015) führte ebenfalls eine Ökobilanzierung von in-vitro Fleisch im Vergleich zur konventionellen Viehzucht durch. Dieser berücksichtigte die Produktionsweise des Mediums und eine Aufreinigungsphase. Er vermutet, dass durch einen erhöhten Energieverbrauch der Effekt auf die globale Erwärmung größer als bei der Produktion von Schweinefleisch und Geflügel, jedoch kleiner als bei Rindfleisch sein könnte. Die Ergebnisse werden in der nachfolgenden Grafik **(Abb.5)** veranschaulicht und mit der Studie von Tuomisto & De Mattos (2011) verglichen („prior study"). Die Autoren begründen den großen Unterschied im Energieverbrauch zwischen den Studien vor allem mit der zuvor nicht berücksichtigten Aufreinigungsphase und der Herstellung des Basalmediums. Auch die größerer Landnutzung hängt mit der Herstellung der des Basalmediums zusammen. Da auf dem Gebiet der Kulturmedien allerdings vielversprechende Forschungsansätze verfolgt werden, vermuten die Autoren, dass der vorhergesagte Energieverbrauch sich in Zukunft reduzieren würde. Darüber hinaus veröffentlichten Matticks et al. (2015) im selben

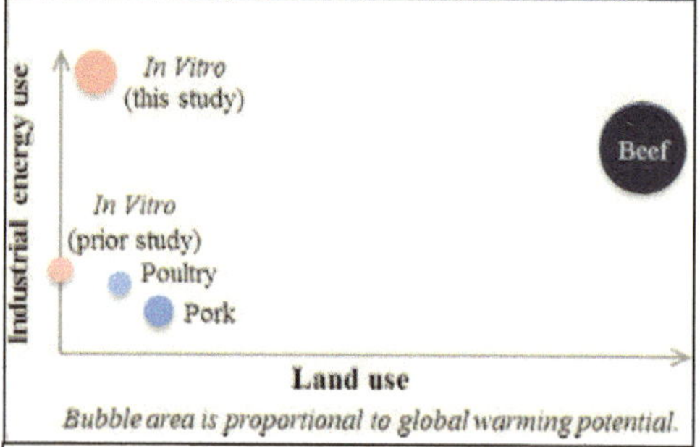

Abb.5: Darstellung des Energieverbrauches, der Landnutzung und der Treibhausgaemissionen, durch die Produktion von in-vitro Fleisch, Rind, Schwein und Geflügel (Matticks et al. 2015).

Jahr ein Paper, welches sich mit der Aussagekraft der Ökobilanzen des in-vitro Fleisches auseinandersetzt und die Studie von TUOMISTO & DE MATTOS (2011) kritisch beleuchtet. Es wird argumentiert, dass es bei der Entwicklung komplexer Prozesse zu viele unvorhersehbare Zusammenhänge und Bedingungen gibt, um eine realistische Aussage über die zukünftigen Produktionsbedingungen zu machen. Darüber hinaus ist die Bewertung der Ökobilanzen stark abhängig von der Auswahl der berücksichtigten Faktoren und der Ausgangssituation. Um dies zu verdeutlichen wurden die Berechnungen von TUOMISTO & DE MATTOS (2011) erneut mit einem einzigen veränderten Faktor durchgeführt und mit den ursprünglichen Ergebnissen verglichen. Bei diesem Faktor handelte es sich um den essbaren Anteil der Biomasse. TUOMISTO & DE MATTOS (2011) gingen davon aus, dass die Biomasse, die nicht für den Fleischverzehr verwendet wird, ein Abfallprodukt darstellt. Allerdings werden diese Teile häufig anderen Branchen zugeführt. So wird zum Beispiel die Haut als Leder weiterverarbeitet und die organischen Reste als Nährstoffe wiederaufbereitet. Daher wurde auf Basis von SMIL (2013) ein höherer essbarer Anteil angenommen. Die Ergebnisse sind in der **Abb. 6** dargestellt.

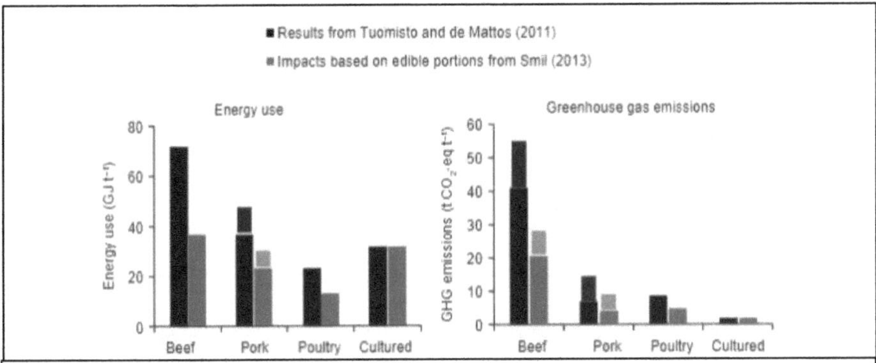

Abb.6: Darstellung der Ergebnisse von TUOMISTO & DE MATTOS (2011) im Vergleich zu den gleichen Berechnungen unter Annahme eines größeren, essbaren Anteils der Biomasse aus der konventionellen Viehzucht. Verlängerung der Balken entspricht der Spanne der errechneten Werte.

Nun schneidet das in-vitro Fleisch im Energieverbrauch nicht nur wesentlich schlechter im Gegensatz zu Geflügel, sondern auch noch schlechter als Schwein ab. Auch im Vergleich zum Rindfleisch ist der Energieverbrauch nur noch geringfügig kleiner.

5.2 In-vitro Fleisch im Vergleich zu weiteren Fleischersatzprodukten

SMETANA et al. (2015) führten einen Vergleich mit pflanzen-,mycoprotein- und molkereibasierten Fleischalternativen und mit Geflügel als Fleischprodukt mit den geringsten Umweltauswirkung durch. Das in-vitro Fleisch schnitt dabei, mit Ausnahme der Faktoren Landnutzung und Verschmutzung von Wasser und Landflächen, am schlechtesten ab. Die Ergebnisse wurden in der nebenstehenden Grafik **(Abb.7)** veranschaulicht. Die enormen Umweltauswirkungen wären mit einem Anteil von 75 % auf den Energieverbrauch in Zusammenhang mit dem verwendeten Kulturmedium und dem Zellwachstum zurückzuführen. Die restlichen 25 % werden durch das Einfrieren des Endproduktes (6 %), die Kultivierung von

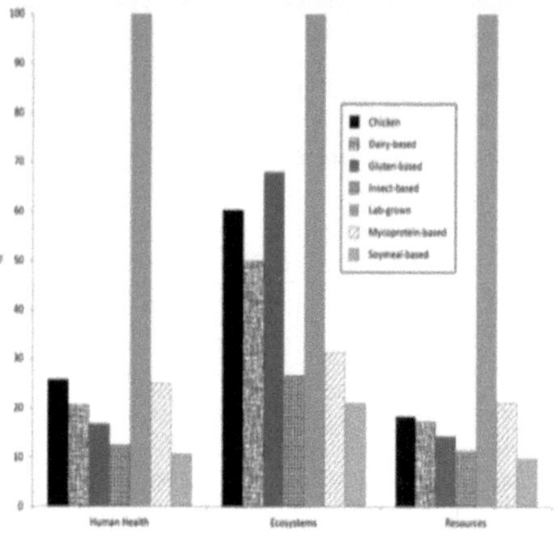

Abb.7: Energieverbrauch, Landnutzung & THG-Emissionen von in-vitro Fleisch, Rind, Schwein & Geflügel (MATTICKS et al.2015)

Cyanobakterien (16 %) als Nährstoff- und Energiequelle . und durch die sonstigen Bestandteile des Produktzyklus (3 %) verursacht. In der nachfolgenden Grafik **(Abb. 8)** ist ein Vergleich dargestellt, in dem in-vitro Fleisch mit anderen Proteinquellen verglichen wird (ALEXANDER et al. 2017). Es wird dargestellt, wie viel Kalorien bzw. Proteine pro m² Landfläche erzeugt werden können. Im Durchschnitt kann festgehalten werden, dass in-vitro Fleisch zwar höhere Erträge pro m² im Gegensatz zu den Proteinquellen aus der konventionellen Viehzucht, allerdings geringere Erträge im Vergleich zu Sojabohnen und Insekten ermöglicht.

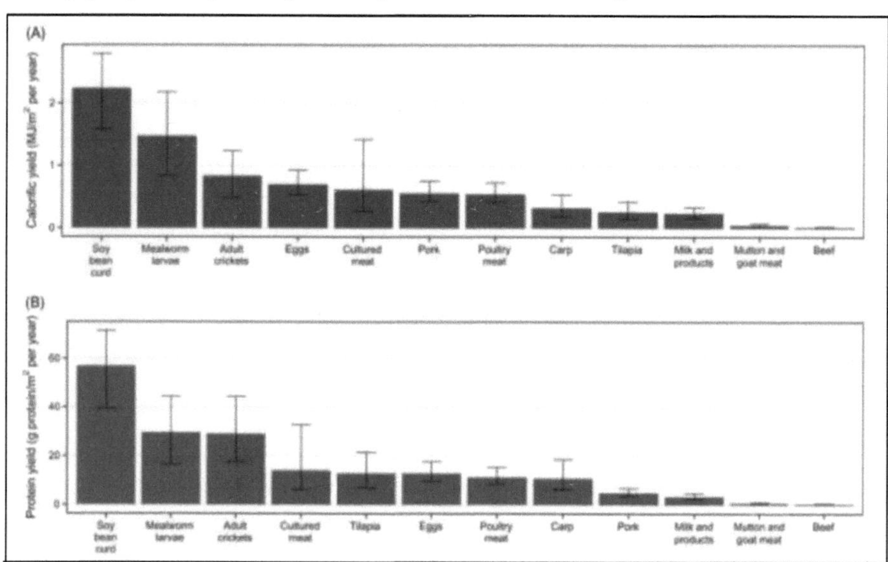

Abb.8: Darstellung der Proteine und Kalorien die pro Landeinheit erzeugt werden nach Lebensmitteln. Fehlerbalken zeigen die Spanne der Ausbeute an, die auf der Unsicherheit der Berechnungen der Nährstoffumsetzungsverhältnisses und des Nährstoffgehaltes beruhen (ALEXANDER et al. 2017).

In der nachfolgenden Grafik (**Abb.8**) stellten ALEXANDER et al. (2019) dar, wie sich die Landnutzung zur Bereitstellung von Proteinen ändern würde, wenn die Hälfte der weltweit konsumierten Proteine aus tierischer Quelle durch das jeweils dargestellte Lebensmittel ersetzt werden würden. Die Ergebnisse wurden in Prozentanteilen der weltweit zur Verfügung stehenden Landflächen für die Lebensmittelproduktion, die auf dem HALF-Index basiert [URL4]. Rindfleisch schneidet mit Abstand am schlechtesten ab und würde über 100 % der zur Verfügung stehenden Landflächen benötigen. In-vitro Fleisch schneidet im Gegensatz zu den tierischen Proteinquellen, bis auf Ei, mit einer Reduzierung der benötigten Landflächen auf ca. 25 % am besten ab. Allerdings würden Sojabohnen und Insekten als Proteinquelle lediglich 20 % der Landflächen benötigen.

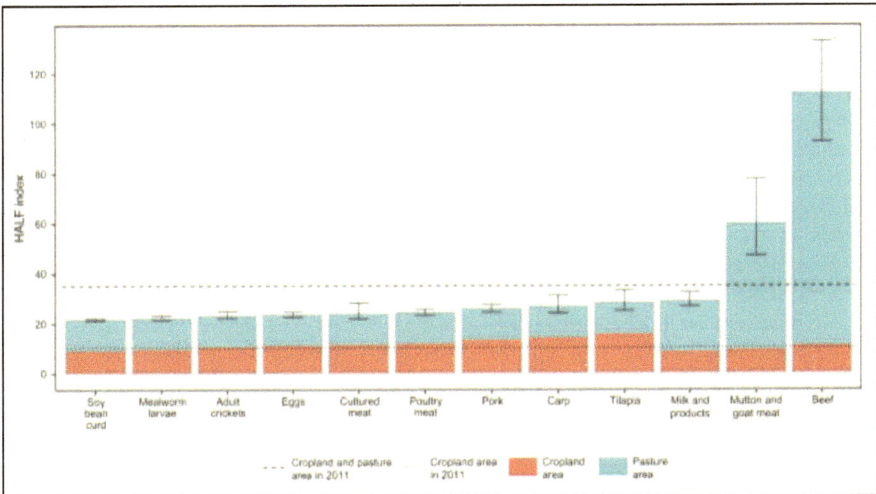

Abb.9: Landbedarf für Weideland & Futtermittelanbau nach Lebensmittelprodukten wenn 50 % des Konsums tierischer Proteine durch das jeweilige Produkt ersetzt würde in Prozent der verfügbaren Landflächen zur Nahrungsmittelproduktion auf Basis der HALF-Indexes (ALEXANDER et al. 2019).

6 Fazit

In-vitro Fleisch bietet eine interessante und vielversprechende Alternative zu Fleischprodukten aus der konventionellen Viehzucht, um die wachsende Fleischnachfrage der Menschheit unter umweltverträglichen und Landressourcen schonenden Bedingungen zu decken. Allerdings wird es auf Grund des frühen Stadiums der Entwicklung eines Produktionsprozesses, unter dem ausreichende Mengen zu einem angemessenen Preis hergestellt werden können, noch einige Jahre dauern, bis das Fleischersatzprodukt marktfähig sein wird. Damit der Energiebedarf der Produktion die verringerten, negativen Umweltauswirkungen im Gegensatz zur konventionellen Fleischproduktion nicht relativiert, sind weitere Forschungen zur optimalen Zellquelle und alternativen Gerüstmaterialien und Kulturmedien nötig. In diesem Zusammenhang wäre es interessant zu berechnen, in welchem Ausmaß das Anpflanzen von Energiepflanzen auf den Flächen, die durch den Ersatz konventioneller Fleischprodukte eingespart werden würden, den erhöhten Energiebedarf ausgleichen könnten. Mit den aktuellen Methoden ist es nicht möglich, hochstrukturiertes Fleisch wie Steaks herzustellen. Damit in-vitro Fleisch sich zu einer echten Alternative zur konventionellen Viehzucht entwickeln kann, muss dieses Problem überwunden werden. Es ist allerdings zu erwarten, dass angesichts der rasanten biotechnologischen Fortschritte der letzten Jahre auch für dieses Problem eine Lösung gefunden wird. Insgesamt stellt das in-vitro Fleisch allerdings nur eine von vielen Lösungen dar, um den Proteinbedarf der wachsenden Weltbevölkerung zu decken. Eine vegetarische Ernährung, sowie der Verzehr von Fleischersatzprodukte wie Soja und Insekten, stellen eine umweltverträglichere Alternative dar. In-vitro Fleisch könnte angesichts dieser Tatsache seinen Platz auf dem Weltmarkt eher als Alternative für Rindfleischprodukte einnehmen und vor allem für Konsumenten geeignet sein, die nicht auf den Verzehr von Rindfleisch verzichten wollen. Ob sich in-vitro Fleisch in Zukunft durchsetzen wird, hängt allerdings letztlich von der Akzeptanz des Verbrauchers und der Politik ab.

7 Literaturverzeichnis

Aijia, C., Hardt, M., Schneider, P., Schmid, R., Lange, C., Dippold, D., Schubert, D.W., Boos, A.M., Weigand, A., Arkudas, A., Horch, R.E & Beier, J.P. (2018) Myogenic differentiation of primary myoblasts and mesenchymal stromal cells under serum-free conditions on PCL-collagen I-nanoscaffolds, BMC Biotechnology, 10.1186/s12896-018-0482-6, 18, 1.

Alexander, P., Brown, C., Arneth, A., Dias, C., Finnigan, J., Moran, D., et al., (2017) Could consumption of insects, cultured meat or imitation meat reduce global agricultural land use? Global Food Security 15, 22–32.

Alexander, P., Brown, C., Arneth, A., Dias, C., Moran, D., Rounsevell, M.D.A. (2019) Sustainable Proteins Production. Proteins: Sustainable Source, Processing and Applications, 19, S. 1-39.

Aswad, H., Jalabert, A., & Rome, S. (2016) Depleting extracellular vesicles from fetal bovine serum alters proliferation and differentiation of skeletal muscle cells in vitro. BMC Biotechnology, 16, 32.

Benjaminson, M., Gilchriest, J., & Lorenz, M. (2002) In-vitro edible muscle protein production system (MPPS): Stage 1, Fish. Acta Astronautica, 51(12), 879–889.

Bhat Z.F., Bhat H. (2011a) Animal-free meat biofabrication. American Journal of Food Technology, 6, 441–459.

Bhat Z. F., Bhat H. (2011b). Prospectus of cultured meatadvancing meat alternatives. Journal of Food Science and Technology, 48, 125–140.

Bhat Z.F., Bhat H. (2011c) Tissue engineered meat-future meat. *Journal of Stored Products and Postharvest Research*, 2, S. 1–10.

Bhat, Z.B., Kumar, S., Fayaz, H. (2015) In vitro meat production: Challanges and benefits over conventional meat production. Journal of Integrative Agriculture 2015, 14(2): S. 241-248

Bartholet, J. (2011) Inside the meat lab. Scientific American Vol. 304, No. 6 (June 2011), pp. 64-69 (6 pages)

Benjaminson, M., Gilchriest, J.A., Lorenz, M. (2002) In vitro edible muscle protein production system (MPPS): Stage 1, fish. Acta Astronautica, 51, 879–889.

Benjaminson, M., Lehrer, S., Macklin, D. (1998) Bioconversion systems for food and water on long term space missions. Acta Astronautica, 43, 329–348.

Bian, W., & Bursac, N. (2009) Engineered skeletal muscle tissue networks with controllable architecture. Biomaterials, 30, 1401–1412.

Brunner, D., Frank, J., Appl, H., Schöffl, H., Pfaller, W., & Gstraunthaler, G. (2010) Serum-free cell culture: The serum-free media interactive online database. ALTEX, 27, S. 53–62

Böhm, I., Ferrari, A. & Woll, S. (2007) Visionen von in-vitro Fleisch.

Chan, B. P., & Leong, K. W. (2008). Scaffolding in tissue engineering: General approaches and tissue-specific considerations. European Spine Journal, 17(4), 467–479.

Chase, L. G., Lakshmipathy, U., Solchaga, L. A., Rao, M. S., & Vemuri, M. C. (2010) A novel serum-free medium for the expansion of human mesenchymal stem cells. Stem Cell Research & Therapy, 1(1), 8.

Chen, S., Nakamoto, T., Kawazoe, N., & Chen, G. (2015) Engineering multi-layered skeletal muscle tissue by using 3D microgrooved collagen scaffolds. Biomaterials, 73, 23–31.

Dennis R., Kosnik 2nd P.E. (2000) Excitability and isometric contractile properties of mammalian skeletal muscle constructs engineered in vitro. In Vitro and Cellular Developmental Biology (Animal), 36, 327–335.

Drysdale, A., Ewert, M., Hanford, A. (2003) Life support approaches for mars missions. Advances in Space Research, 31, 51–61.

du Puy, L., Lopes, S., Haagsman, H., & Roelen, B. (2010) Differentiation of porcine inner cell mass cells into proliferating neural cells. Stem Cells and Development, 19(1), 61–70.

Eva, R., Bram, D. C., Joery, D. K., Tamara, V., Geert, B., Vera, R., et al. (2014) Strategies for immortalization of primary hepatocytes. Journal of Hepatology, 61(4), 925–943.

FAO (2013). World livestock 2013 – changing disease landscapes. Rome.

Fujita, H., Endo, A., Shimizu, K., & Nagamori, E. (2010) Evaluation of serum-free differentiation conditions for C2C12 myoblast cells assessed as to active tension generation capability. Biotechnology and Bioengineering, 107, S. 894–901.

Genovese, N. J., Domeier, T., Prakash, B., Telugu, V. L., & Roberts, R. M. (2017) Enhanced development of skeletal myotubes from porcine induced pluripotent stem cells. Scientific Reports, 7, 41833.

Grefte, S., Kuijpers-Jagtman, A., Torensma, R., & Von Der Hoff, J.W. (2007) Skeletal muscle development and regeneration. Stem Cells and Development, 16, 857–868.

Hawthorne, M. (2005) From fiction to fork. Satya, 2008-5-13.

Hinds, S., Tyhovych, N., Sistrunk, C., & Terracio, L. (2013) Improved tissue culture conditions for engineered skeletal muscle sheets. Science World Journal, 370151.

Hopkins, P.D., Dacey A. (2008) Vegetarian meat: Could technology save animals and satisfy meat eaters? *Journal of Agricultural and Environmental Ethics*, 21, S. 579–96.

Jung, S., Panchalingam, K., Rosenberg, L., & Behie, L. (2012) Ex vivo expansion of human mesenchymal stem cells in defined serum-free media. Stem Cells International, 123030.

Just. Clean meat: A vision of the future. (2017) https://www.youtube.com/watch?v=_GgP6jo5DTM (accessed 3/1/17).

Kaplan, D.M. (2012) The Philosophy of Food. University of California Press, Berkeley C A.

Kolesky, D.B., Homan, K.A., Skylar-Scott, M.A., & Lewis, J.A. (2016) Three-dimensional bioprinting of thick vascularized tissues. Proceedings of the National Academy of Sciences of the United States, 113, 3179–3184.

Langelaan, M., Boonen, K., Rosaria-Chak, K., van der Schaft, D., Post, M., & Baaijens, F. (2011) Advanced maturation by electrical stimulation: Differences in response between C2C12 and primary muscle progenitor cells. Journal of Tissue Engineering and Regenerative Medicine, 5(7), 529–539.

Madrigal A. (2008) Scientists flesh out plans to grow (and sell) test tube meat.

Mattick, C.S., Landies, A.E., Allenby, B.R. (2015) A case for systemic environmental analysis of cultured meat. Journal of Integrative Agriculture 2015, 14(1): S. 249–254

Mattick, C.S., Landies, A.E., Allenby, B.R. Genovese, N.J. (2015) Anticipatory Life Cycle Analysis of In Vitro Biomass Cultivation for Cultured Meat Production in the United States. Environ Sci Technol. 2015 Oct 6;49(19): S. 11941-9.

Micha, R., Michas, G., Mozaffarian, D. (2012) Unprocessed Red and Processed Meats and Risk of Coronary Artery Disease and Type 2 Diabetes – An Updated Review of the Evidence. Current atherosclerosis reports vol. 14,6 (2012): 515-24. doi:10.1007/s11883-012-0282-8

Modern Meadow, & Marga, F.S. (2015) U.S. Patent No. PCT/US2015/014656. Washington, DC: U.S. Patent and Trademark Office.

Mohanty, S., et al. (2015) Fabrication of scalable and structured tissue engineering scaffolds using water dissolvable sacrificial 3D printed moulds. Materials Science and Engineering C: Materials for Biological Applications, 55, 569–578.

Muehleder, S., Ovsianikov, A., Zipperle, J., Redl, H., & Holnthoner, W. (2014) Biotechnology and Bioengineering, 2, 52.

National Institutes Of Health (2007) Guide Notice, NOT-OD-08-017. http://grants.nih.gov/grants/guide/notice-files/NOT-OD-08-017.html.

Oikonomopoulos, A., van Deem, W.K., Manansala, A.R., Lacey, P.N., Tomakili, T.A., Ziman, A., et al. (2015) Optimization of human mesenchymal stem cell manufacturing: The effects of animal/xeno-free media. Scientific Reports, 5, 16570.

Post, M. (2014) Cultured beef: Medical technology to produce food. Journal of the Science of Food and Agriculture, 94, 1039–1041.

Saha P., Trumbo P. (1996) The nutritional adequacy of a limited vegan diet for a controlled ecological life-support system. Advances in Space Research, 18, 63–72.

Sakar, M.S., et al. (2012) Formation and optogenetic control of engineered 3D skeletal muscle bioactuators. Lab on a Chip, 12, 4976–4985.

Schnitzler, A.C., Verma, A., Kehoe, D.E., Jing, D., Murrell, J.R., Der, K.A., et al. (2016) Bioprocessing of human mesenchymal stem/stromal cells for therapeutic use: Current technologies and challenges. Biochemical Engineering Journal, 108, 3–13.

Sharples, A.P., Player, D.J., Martin, N.R.W., Mudera, V., Stewart, C., & Lewis, M. (2012) Modelling in vivo skeletal muscle ageing in vitro using three-dimensional bioengineered constructs. Aging Cell, 11, 986–995.

Smetana, S., Mathys, A., Knoch, A., & Heinz, V. (2015) Meat Alternatives: Life cycle assessment of most known meat substitutes. International Journal of Life Cycle Assessment, 20, 1254–1267.

Smith, A.S., Passey, S., Greensmith, L., Mudera, V., & Lewis, M.P. (2012) Characterization and optimization of a simple, repeatable system for the long term in vitro culture of aligned myotubes in 3D. Journal of Cellular Biochemistry, 113, 1044–1053.

Stern-Straeter, J., et al. (2014). Evaluation of the effects of different culture media on the myogenic differentiation potential of adipose tissue- or bone marrow-derived human mesenchymal stem cells. International Journal of Molecular Medicine, 33, 160–170.

Stephens, N., Silvio, L.D., Dunsford, I., Ellis, M., Glencross, A., Sexton, A. (2018) Bringing cultured meat to market: Technical, socio-political, and regulatory challenges in cellular agriculture. Trends in Food Science & Technology 78 (2018): S. 155-166

Tuomisto H.L., Teixeira de Mattos M.J. (2011) Environmental impacts of cultured meat production. Environmental Science and Technology, 45: S. 6117–6123

andenburgh, H.H., Karlisch, P., & Farr, L. (1988) Maintenance of highly contractile tissue-cultured avian skeletal myotubes in collagen gel. In Vitro Cellular & Developmental Biology, 24, 166–174.

Van der Weele, C., Feindt, P., van der Goot, A.J., van Mierlo, B., van Boekel, M. (2019) Meat alternatives: an integrative comparison. Trends in Food Science & Technology 88 (2019): S. 505-512.

Van Eelen W.F., van Kooten W.J., Westerhof W. (1999) Industrial production of meat from in vitro cell cultures.

Welin, S. (2013) Introducing the new meat. Problems and Prospects. Nordic Journal of Applied Ethics, 7, 24–37.

Wilschut, K., Jaksani, S., Van Den Dolder, J., Haagsman, H., & Roelen, B. (2008) Isolation and characterization of porcine adult muscle-derived progenitor cells. Journal of Cellular Biochemistry, 105(5), 1228–1239.

Wu, S.M., & Hochedlinger, K. (2011) Harnessing the potential of induced pluripotent stem cells for regenerative medicine. Nature Cell Biology, 13, 497–505.

8 Internetquellen

[URL1] International Churchill Society (2018) in-vitro Fleisch
https://winstonchurchill.org/publications/churchill-bulletin/bulletin-115-jan-2018/no-bull/ [20.04.2020]

[URL2]: Vereinte Nationen (2020) Entwicklungsprognose der Weltbevölkerung
https://de.statista.com/statistik/daten/studie/1717/umfrage/prognose-zur-entwicklung-der-weltbevoelkerung/#professional
[29.06.2020]

[URL3] Bundeszentrale für politische Bildung (2017) Bericht zum Welternährungstag
https://www.bpb.de/politik/hintergrund-aktuell/258027/welternaehrungstag [29.06.2020]

[URL4] ThermoFischer (2017) Probleme bei der Kultivierung von Zelllinien
https://www.thermofisher.com/uk/en/home/references/gibco-cell-culture-basics/introduction-to-cell-culture.html#
[14.05.2020]

[URL5] Our World in data (2020) Half Index
https://ourworldindata.org/agricultural-land-by-global-diets [29.06.2020]